XUE KE XUE MEI LI DA TAN SUO

学科学魅力大探索

U0660171

科学成果展台

李 奎 编著　丛书主编 周丽霞

气象：新式气象站播报

汕头大学出版社

图书在版编目（CIP）数据

气象：新式气象站播报 / 李奎编著. -- 汕头：汕
头大学出版社，2015.3（2020.1重印）
  （学科学魅力大探索 / 周丽霞主编）
  ISBN 978-7-5658-1696-3

Ⅰ.①气… Ⅱ.①李… Ⅲ.①气象站—青少年读物
Ⅳ.①P49-49

中国版本图书馆CIP数据核字(2015)第027444号

气象：新式气象站播报　　　QIXIANG：XINSHI QIXIANGZHAN BOBAO

编　　著：李　奎
丛书主编：周丽霞
责任编辑：胡开祥
封面设计：大华文苑
责任技编：黄东生
出版发行：汕头大学出版社
　　　　　广东省汕头市大学路243号汕头大学校园内　邮政编码：515063
电　　话：0754-82904613
印　　刷：三河市燕春印务有限公司
开　　本：700mm×1000mm　1/16
印　　张：7
字　　数：50千字
版　　次：2015年3月第1版
印　　次：2020年1月第2次印刷
定　　价：29.80元
ISBN 978-7-5658-1696-3

前　言

　　科学是人类进步的第一推动力，而科学知识的学习则是实现这一推动的必由之路。在新的时代，社会的进步、科技的发展、人们生活水平的不断提高，为我们青少年的科学素质培养提供了新的契机。抓住这个契机，大力推广科学知识，传播科学精神，提高青少年的科学水平，是我们全社会的重要课题。

　　科学教育与学习，能够让广大青少年树立这样一个牢固的信念：科学总是在寻求、发现和了解世界的新现象，研究和掌握新规律，它是创造性的，它又是在不懈地追求真理，需要我们不断地努力探索。在未知的及已知的领域重新发现，才能创造崭新的天地，才能不断推进人类文明向前发展，才能从必然王国走向自由王国。

　　但是，我们生存世界的奥秘，几乎是无穷无尽，从太空到地球，从宇宙到海洋，真是无奇不有，怪事迭起，奥妙无穷，神秘莫测，许许多多的难解之谜简直不可思议，使我们对自己的生命现象和生存环境捉摸不透。破解这些谜团，有助于我们人类社会向更高层次不断迈进。

其实，宇宙世界的丰富多彩与无限魅力就在于那许许多多的难解之谜，使我们不得不密切关注和发出疑问。我们总是不断去认识它、探索它。虽然今天科学技术的发展日新月异，达到了很高程度，但对于那些奥秘还是难以圆满解答。尽管经过许许多多科学先驱不断奋斗，一个个奥秘不断解开，并推进了科学技术大发展，但随之又发现了许多新的奥秘，又不得不向新的问题发起挑战。

宇宙世界是无限的，科学探索也是无限的，我们只有不断拓展更加广阔的生存空间，破解更多奥秘现象，才能使之造福于我们人类，人类社会才能不断获得发展。

为了普及科学知识，激励广大青少年认识和探索宇宙世界的无穷奥妙，根据最新研究成果，特别编辑了这套《学科学魅力大探索》，主要包括真相研究、破译密码、科学成果、科技历史、地理发现等内容，具有很强系统性、科学性、可读性和新奇性。

本套作品知识全面、内容精炼、图文并茂，形象生动，能够培养我们的科学兴趣和爱好，达到普及科学知识的目的，具有很强的可读性、启发性和知识性，是我们广大青少年读者了解科技、增长知识、开阔视野、提高素质、激发探索和启迪智慧的良好科普读物。

目 录

罕见的有颜色冬雪

奇异的黑色雪

1897年11月9日，在俄国彼得堡下了一次有趣的黑雪。这些黑雪的黏附物不是杀虫剂，也不是煤烟，而是像小蚂蚁一样的小昆虫。亿万个黑色的小昆虫站在雪花上，与雪花一起飘落下来，好像撒了煤粉似的黑乎乎的一片。人在雪地里踩一个脚印，不久脚印里便会聚集更多的小昆虫，脚印变得更黑了。

　　1969年12月24日，北欧斯堪的纳维亚半岛上的瓦腾湖附近下起了雪。到了傍晚，雪越下越稠，颜色也不像白的了。因为是晚上，没有引起人们的注意。可是第二天早上，当地居民起床后向外一望，不由得惊呆了，他们看到的竟是一片黑雪。那种油腻的好像糖炒栗子锅里炒黑了的砂子似的黑雪，粘在衣服上，把衣服都染脏了。

　　瑞典首都斯德哥尔摩生态中心的科学家们闻讯赶到现场调查，发现雪里包含有许多工业污染物质，其中还含有大量杀虫剂。

　　历史上，有文字记载的天空下黑雪的怪事，远不只这一次。在19世纪，英国的苏格兰曾经下过几次黑雪。那时候苏格兰的工厂里，燃烧的是黑烟冲天的烟煤，大量的煤烟和尘粒聚集在空中，有时就黏附在雪花上，把雪染黑了。

有没有其他颜色的雪

在红海一带，历史上多次记载有血雨。血雨就是下红色的雨。可惜那里温度高，很少下雪。不然，有关红雪的记载一定会出现的。世界是多么广阔，其他地方的确有下过红雪的。

中国冰川学家在西藏东南部察隅地区研究冰川时，曾遇到过红雪。这是因为印度洋西南季风有时带来很多非常细小的红色水藻，这些红藻附在雪花上降落下来，把雪映得红艳艳的，好像天女撒落的红色花瓣。

由此看来，在科学上"像雪一样白"的比喻就不恰当了。即使是最干净的雪，当它们降落到地面后，也会随着它本身的结构

而具有特殊的颜色。比方说刚降下的松软的雪，常常具有淡淡的蓝颜色；被风吹得密实的细雪，闪烁着银子般的光泽；在冰川上，由粗细粒雪组成的老雪，表面是淡灰色的，而在深处则呈现出淡绿色。

彩雪是如何形成的

彩色的雪是因为雪中掺杂了有颜色的物质的缘故。在寒冷地区，藻类的分布范围比较广，种类也多种多样。其中，含有叶绿素的藻类呈绿色，含有红色的藻类呈红色，含脂肪非常多的是黄色藻类。

这些藻类自身较轻，再加上大风的作用，很容易沸沸扬扬飘向高空，当与空中的雪片黏合时，不同的藻类就将雪染成了不同的颜色。

海德堡的红雪就是由于被风吹向空中的铁质混合物，混合在雪花中形成的；挑罗台侬黑雪是由许多黑色小虫黏在雪上形成的；瑞典南部的黑雪则是白雪中混合了煤屑、粉尘；我国内蒙古等地的黄雪则是由风沙刮进雪中形成的。

六月飞雪之谜

我国古代就有"六月飞雪"的反常现象，这在周代的《六韬》一书中有相关记载。《汉书·五行志》记载了元帝永光元年，即公元前43年，从农历三月至九月就一直是雨雪天气，使庄稼颗粒无收。夏季本应是酷热难当，却出现了寒冷的天气，这是怎么回事呢？

一些科学家认为，这是由于大规模的火山爆发造成的。火山

爆发时可产生达数百万吨的火山灰，上升至大气高层，飘散到世界各处，一连数月遮天蔽日。它可导致白天不见太阳，夜间不见星星，还使得许多地区出现冬季天气。

据研究，537年中国发生的那次夏雪天气，是由于新几内亚东南部的一次火山喷发造成的。

"六月雪"虽属罕见，但也有其科学的道理。青藏高原地区，天气多变，虽是六七月份，下大雪也是平常事。

延 伸 阅 读

我国天山东段和阿尔泰山上，有时飘落下来的雪花是带着黄颜色的。欧洲阿尔卑斯山上，也下过黄雪。

雪块的来源之谜

不明来历的雪块

1973年4月2日，在英国曼彻斯特郊区的一条宁静林荫大道上，正在曼彻斯特大学进行高等研究工作的理查德·杰里菲斯教授到贝尔东大街准备买些日用品。大街上静悄悄的，理查德先生正走着，突然看见街道上空出现一道明亮的闪电，但很快便消失了。

理查德教授当时还担任一家科研机构的气象观测员，因此，

他经常记述一些天文现象。当时，他立即看了一下手表，时间为19时45分。

他仔细回忆了一下闪电时的情况，觉得很奇怪，为什么这道闪电事先无任何预兆，事后也无任何雷声跟随。他想了一会儿，琢磨不出其中的奥秘，于是，只好来到旁边一家小商店内，买了些需要的东西，随后向回家的方向走去。

此时，正值20时零3分。刚离开小商店不远，他突然听见一件东西落地时发出的巨大响声，在前面街道上落下一块东西。他走上前定神一看，原来是一块雪块，估计有2000克重。

对雪块进行研究

理查德教授是科学研究人员，又兼气象观测员，很清楚此时应做些什么。于是，他将雪块从地上拾起，用自己的外套将它包住，便飞快地跑回家中，把雪块放在厨房内的冰箱里。

次日清晨，他取出雪块，用布包好，放入密封的高压锅内，随后搬到汽车上，径直来到他在曼彻斯特大学科学技术学院内的实验室，开始分析和化验这块雪块，希望能在雪块来源方面得到突破。

在确定一些冰冻物的历史时期中，科学家拥有多种众所周知的测试方法，其中一种便是将冰或雪切成很薄很薄的冰片，然后用普通反射光和聚光板进行观察，以揭示冰片内的水晶结构。

采用上述方法，理查德教授发现，这块雪块由51层雪组成，每层雪之间都有一层薄薄的空气气泡。这表明，这个雪块的结构不是冰块结构，其水晶体又比冰块中的水晶体小，其内部各层又不如冰块中的各层那样有规则。

此外，理查德教授还做了另一种试验，试验表明这块雪块是

由云雾水形成的。但是，云中的水是怎样形成雪块的呢？理查德教授考虑许久，最后估计，这块雪块之所以成为这种形状和成为雪块，可能是当时置放于一个密封的容器内，即在容器内形成的。为了证实这个推断和获得一块类似的雪块，理查德教授取来一个气球，把它灌满水，然后将气球吊在冰箱的冰室内……但是，这次试验得到的雪块却与天上落下的雪块根本不同。

雪块是否从飞机上掉下的吗

理查德教授又重新考虑，雪块是否是从正在天空中飞行的一架飞机上落下来的？

他说："我询问了机场管理人员，他们告诉我，在雪块落下的空域中，曾有两架飞机飞过。但是，在雪块落下来的时候。其中一架飞机已在机场上着落，另一架飞机则是在雪块落地后好久才通过此空域的。此后，他又问了专业人员，其中一架飞机是否在飞行中遇到了雪块，他们回答说，这是不可能的。"

那么，人们不禁要问，落在理查德教授眼前的雪块同他在此之前9分钟看到的闪电之间是否有一种联系呢？

英国自然科学家艾里克·卡罗认为，它们之间不仅有联系，而且有密切的联系。

他从理论上谈到闪电的特性，但是卡罗的理论却未能具体应用于实践，因为依照这种理论，确实可以随便将一些雪块现象解释成同电和空气现象有联系，而其他一些雪块现象却同它们毫无关系。

作家罗纳德·维利兹收集了美国很多大学教授们对雪块现象的看法，他说："一些学院科学家们认为，这种从天空中落下的大块雪块不可能有流星之嫌，这是因为外空间的条件不可能产生雪块。"

科罗拉多大学的科学家认为，尽管部分天文学家认为存在着流星同雪的混合物，但是，其中一位天文学家曾提出这样的问题：当这块雪球进入大气层时，一定会产生很高的热量，那么雪块落地后怎能会保持现在这种状态呢？

弗吉尼亚大学的科学家们则认为，雪球现象是一种极其神秘的现象，可以将这种现象和其他类似的现象从有关飞碟的现象中分出来，另归一类。

利曼教授曾认为所有雪块现象全是由于天空中飞行的飞机储水罐或水箱漏水而造成的。这种观点曾作为一种被人接受的观点而广泛用于对雪块的解释。

专业人员认为，飞机在几千米以上的高空飞行时，若机翼上产生雪或冰，那么自然会对飞机飞行重量产生危险的影响，因此，现代化飞机现在全装有自动电化雪系统。

可以说，目前现代化飞机机翼和机身上完全不可能产生雪块。此外，还有很多雪块现象发生在飞机诞生之前，也可说明雪块同飞机没有什么联系。

延 伸 阅 读

19世纪，格拉马尔尤曾发表一篇论文，名叫《大气层》。他在文中称，早在古代就发生过从天空中落下雪块的事例，当时那块雪块的规格为5×2×3.5米。另在1849年苏格兰的奥尔德也发生了一次雪块事件，那块雪块直径则为6米之多。

奥妙无穷的雪花

雪花的形状

六棱柱状雪花。这是雪晶的最基本形态，类似这样的雪晶个头通常很小，很难用肉眼进行观察。六棱柱状雪晶是绝大多数雪花开始时的样子，随后长出"枝杈"并形成更为精巧的结构。

普通棱柱状雪花。这种形状的雪花与六棱柱状雪花较为相似，不同的是，它的表面装饰着各种各样的凹痕和褶皱。

星盘状雪花。这种薄薄的盘状雪晶拥有6条宽大的"枝干"，形成与星星类似的形状。它的表面经常装饰着极为精细的对称

性花纹。星盘状雪花在气温接近零下2℃或者接近零下15℃时形成，是一种比较常见的雪花形态。

扇盘状雪花。这也是一种星盘状雪晶，所不同的是在邻近的棱柱面之间长有独特的脊，指向边角。

树枝星状雪花。树枝星状雪晶的枝干生有大量边枝，看起来很像蕨类植物。它们是所有雪晶中个头最大的，直径通常可达到5毫米或者更大。尽管是个"大块头"，但它们仍是单一的冰晶，由水分子首尾相连而成。滑雪时飞向膝盖的粉末状雪就是由这种雪晶构成。它们通常很薄很轻，能够形成一个低密度积雪场。它们是所有雪晶类型中最受欢迎的，我们能够在各种各样的假日装饰物上看到它们的身影。

空心柱状雪花。这种雪花是一个六角形柱体，两端呈锥状中空结构。空心柱状雪晶个头很小，需要使用放大镜才能看到空心区。

针状雪花。针状雪晶是一种身材"苗条"的柱体，在大约零

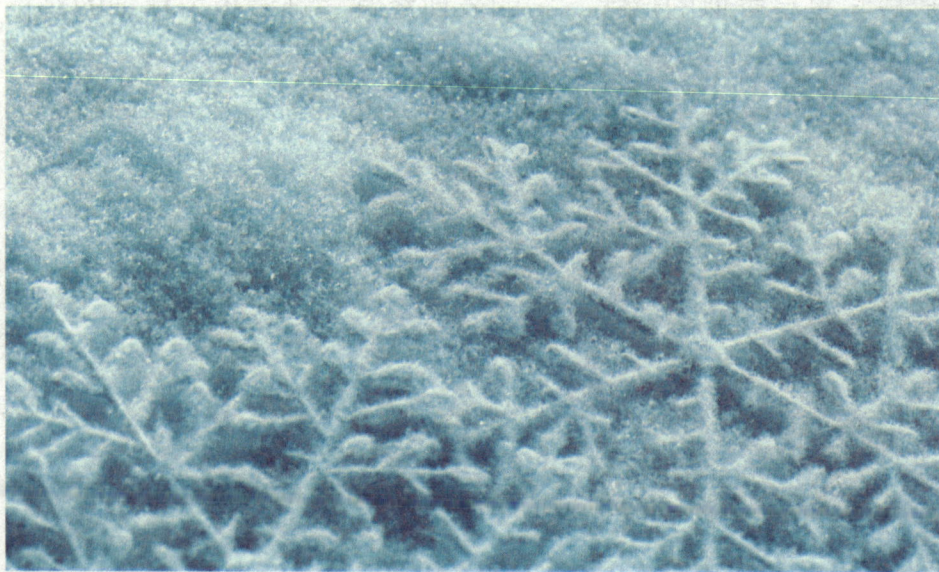

下5℃时形成。如果飘落在袖子上，你很有可能将它们误认为白头发。当温度发生变化时，雪晶形状便会从薄而扁平的盘状变成细长的针状，这也是它们最为奇妙的地方。迄今为止，科学家仍无法解释为何会出现这种变化。

冠柱状雪花。这种雪晶首先长成短而粗的柱状，而后被吹进云层的一个区域并在那里变成盘状。最后，两个薄薄的盘状晶体在一个冰柱的两端生长，形成冠柱状。

12条枝杈雪花。这种雪花实际是由两片雪花组合而成，其中一片相对另一片进行30度旋转。类似这样的雪花非常罕见。

三角晶状雪花。在温度接近零下2℃时，雪盘"生长"成被截去尖角的三角形，此时，照片呈现的雪晶就形成了。三角晶状雪晶同样非常罕见。

霜晶状雪花。云由无数小水滴构成，有时候，这些小水滴与雪晶发生碰撞并粘在一起。这种冻结的水滴也被称之为霜。

为何没有相同的雪花

雪花的结构形状取决于晶体迅速穿越高空大气层时经历的温度、水汽及气流的变化。雪晶总是对称的，因为云层中的环境虽说在不断变化，但这些变化却始终是对称地同时作用于晶体的6条边。

形成一颗雪晶需要大约15分钟。产生雪晶的云层温度必须在零下15.6℃至零下10℃，云中必须充满稠密的水蒸气。因为大量水蒸气的存在，为晶体提供了丰富的可加工的原料，同时也提供了构制各种复杂图案的可能性。

晶体长大到重量足以使它穿越云层下的气流时，以每秒钟约3000米的速度悠然飘向地面。如果近地面的温度高于0℃，雪晶化成雨水降落；如果温度恰好比0℃略低，晶体在飘落的途中就与另一些晶体结合在一块形成雪花落下。当雪晶飘落时，如果云层下有上升的气流盘旋，晶体就一会儿上升，一会儿下降，粘结成越来越大的冰块，直至重量增大到足以克服上升的气流时，就以冰雹的形式下落到地面。

首次进行对雪花的研究

几个世纪以来，雪花之谜一直困扰着科学家。为什么会有如此多种形态各异的雪花：有六枝型的、六边形的以及在南极地区常见的细柱状雪花等？为何没有两片一样的雪花呢？

关于雪花的科学研究一直吸引着科学家们，其中就有17世纪德国数学家开普勒。

在他的论文《关于六角雪花》中，开普勒就开始思考雪花晶体为什么会呈现奇特的六角几何形状。进一步揭开雪花结构之谜的是法国哲学家、数学家笛卡尔和英国科学家胡克，后者第一次在显微镜下看清了雪花晶体的模样。

只是到了近100年，研究者才应用X射线技术探明了冰晶的化学结构。研究表明，雪花中的水分子由微小的六角形晶格组合而成。专家认为，雪花生长的"摇篮"是云层中的微小尘粒，它为水蒸气凝结成小滴并冻结提供了一个基础。慢慢地不断聚集的水蒸气形成规则的冰晶图案。

雪花形成实验

20世纪30年代，一位日本核物理学家第一个弄清了雪花是如何形成的：他在自己的实验里培植出了雪花。他稍稍改变实验室的空气的温度，生成的雪花的形状就将发生剧烈的变化：柱形、扇形、空针形、树突形、薄的、厚的……而当温度变化不大时，提出了改变雪花的生成速度也就改变了其形状：快速生成意味着长出"花枝"，慢速生成意味着生成六面形。

当一片雪花在云层中随风飘荡的时候，会遇到冷空气或热空气，但雪花的每一朵花枝则会经历同样顺序的气温及各种外在因素的变化，所以即使雪花形态各异，但6个花枝的时称的特性严格地保持下来。所以，每一片雪花将有自己独特的经历不同温度的历史，它将会以独特的结构和形状降落到大地上。

雪花落地有声音吗

美国物理学家劳伦克鲁姆对落雪声音进行了长时间研究。他发现，雪花落到水面上时，其声响是长而尖的，这种声响的频率太高了，致使人类的耳朵几乎不可能觉察，就连潜水艇的声呐也听不到它。但是这种声响对于海豚来说，简直就是"震耳欲聋"。这些动物听到的声音就像人类听到刹车时轮胎发出的尖锐刺耳的声音一样。

科学家解释说，雪花落入水中时，雪花内的空气就变成了气泡。水表面的张力与气泡表面张力相互"较劲"的结果就产生了频率在50千赫至200千赫的声响。许多水下动物可以听到这一频段的声响。而人类可以听到的声音却在20千赫以下，所以人类无从察觉。

雪花制造的"噪音"不仅

让水下动物"心烦"，对渔业及海洋生物的跟踪观测也有干扰。例如，美国的渔业生物学家们每年秋季都有监测大马哈鱼洄游的行动，但雪花的声音常常干扰观测，无法准确统计大马哈鱼的数量，所以人们不得不在大雪时关闭所有监测系统。看来，雪花中真是蕴含着无数的奥秘，等待着人们去解读。

延 伸 阅 读

美国加州理工学院的肯尼斯·里市瑞特用电实现雪花的生成。把一根电线放入冷藏室，"我们给电线通上约1000伏的电压，如同变魔术，就可以得到一根根冰针。当电压被降下来时，在冰针的尾部就形成标准的晶体，有点像艺术创作。"

"瑞雪兆丰年"的真相

为什么会下雪

冬天，在寒冷地带，天空中常常飘着美丽的雪花。为什么会产生这种现象呢？原来是气温低于0℃时云层中的水蒸气直接凝结

成极小的冰晶，冰晶又随着云层中水汽不断上升而成为雪花，当雪花大到一定程度，上升的气流承受不住它的重量时飘落下来，形成了降雪。

我们能够见到的单个雪花，直径一般在0.5毫米至3毫米之间。这样微小的雪花只有在极精确的分析天平上才能称出重量，大约3000个至10000个雪花才有一克重。

有位科学家经过粗略统计，1立方米的雪里面约有60亿至80亿颗雪花，比地球上的总人口数还要多。

在冬季，时常有鹅毛大雪的天气。这种天气是气温接近0℃左右时的产物，当气温接近0℃，空气比较潮湿的时候，雪花的并合能力特别大，往往成百上千朵雪花并合成一片鹅毛大雪。这种天气常常能使农民喜出望外，因为，瑞雪预兆着来年的粮食大丰收。

瑞雪为何会兆丰年

那么，"瑞雪兆丰年"的谚语，有没有科学道理呢？人们为什么会这么说呢？

研究表明，积雪对于农耕主要起到如下三点作用：

一是保暖土壤。冬季天气冷，下的雪往往不容易融化，盖在土壤上的雪是比较松软的，里面蕴藏了许多不流动的空气，这些空气是不传热的，这样就像给庄稼盖了一床棉被。

经过测量，积雪地的温度是零下10.3℃，裸露地的温度是零下17.8℃。显然，积雪地的地温在冬季比裸露地的地温要高得

多。正是积雪地这种地温特点，为越冬的麦类作物创造了比较良好的生活环境。

一般来说，冬小麦的分蘖节，大约在离地面3厘米至4厘米深的地方。冬小麦分蘖节能够承受冻害的临界温度在零下14℃至零下17℃之间。所以在我国新疆的北部地区，只要地面覆盖有10厘米至15厘米的稳定积雪，就基本上能保护越冬作物安全过冬。如果没有这层积雪，很多越冬作物就会被冻死。

二是积水利田。等到冬季寒潮过去以后，天气开始渐渐回暖，雪也慢慢融化。雪融化后的水渗透到土壤里，给庄稼积蓄了很多水，对春耕播种以及庄稼的生长发育都很有利。

融化后的雪水中重水的含量比普通水要少25%。重水是带有放

射性物质的水，对生命活动都具有强烈的抑制作用。雪中的重水含量少，利于生物的生长发育。

雪水就生理性质而言，和生物细胞内的水的性质非常接近。植物吸收雪水的能力，比吸收自来水的能力大2倍至6倍。雪水进入生物体后，能够刺激酶的活性，促进植物的新陈代谢。

此外，雪中含有的氮化物比雨水中的氮化物多5倍，比普通水中的氮化物含量更高，可以说是一种肥水。在融雪时，这些氮化物被融雪水带到土壤中，成为农作物最好的肥料。

三是冻死害虫。雪在土壤上起保温作用，对钻到地下过冬的害虫暂时有利。但是当到冰雪融化时，就需要从土壤中吸收许多

热量，这时土壤会突然变得非常寒冷，温度降低许多，害虫就会被冻死。

延 伸 阅 读

　　在我国民间还流传着许多关于下雪与收成相关的谚语，如"冬天麦盖三层被，来年枕着馒头睡""小雪雪满天，来岁必丰年""腊雪盖地，年岁加倍""雪多见丰年"等。

冰雹的形成和危害

冰雹的形成

冰雹，是一种自然天气现象，俗称雹子。冰雹常见于夏季或春夏之交，是我国比较常见的自然灾害之一。那么，它是怎么形成的呢？

　　冰雹是一种固态降水物，是圆球形或圆锥形的冰块，它由透明层和不透明层相间组成。直径一般为5毫米至50毫米，最大的可达10厘米以上。冰雹的直径越大，破坏力就越大。

　　冰雹是在对流云中形成的。当水汽随着气流上升遇冷凝结成小水滴，若随着高度的增加温度就会继续降低，达到0℃以下时，水滴就会凝结成冰粒。冰粒在上升运动的过程中，就会吸附周围的小冰粒或水滴而长大，直至其重量无法为上升气流所承载时就会往下降落。当小冰粒降落到较高的温度区时，它的表面就会融解成水，同时又会吸附周围的小水滴，如果此时又遇到强大的上升气流而被抬升，它的表面又凝结成冰。就这样，小冰粒在天空中就像滚雪球一样，它的体积就会越来越大，直至它的重力大于空气的浮力，就会往下降落，如果在到达地面时仍然是固态的冰粒，就被称为冰雹；如果融解成水，就是我们平常所见的雨。 冰雹和雨、雪一样，都是从云层里掉下来的。

积状云因为对流强弱的不同而形成的各种不同的云彩形状，如果云层中对流运动很猛烈，就形成了积雨云，厚度可达10000米左右。一般的积雨云可能产生雷阵雨，当积雨云发展特别强盛时，云体异常高大，云中有强烈的上升气体，云内有充沛的水分，这时才会产生冰雹，这种云通常称为冰雹云。

冰雹云由水滴、冰晶和雪花组成，一般分为三层：最下面的一层由水滴组成，温度在0℃以上；中间一层由水滴、冰晶和雪花组成，温度为0℃至零下20℃；最上面的一层由冰晶和雪花组成，

温度在零下20℃以下。

冰雹的危害

在冰雹云中的气流是很强大的，通常在云的前进方向，有一股十分强大的上升气流，从云的底部进入从云的上部流出。还有一股下沉气流从云的后方中层流入从云底流出。这里是通常出现冰雹的降水区。冰雹到来前一般会刮大风，常吹漩涡风。风的来向就是冰雹的来向，在大风中伴有稀疏的大雨点。在我国，下雹子前常刮东南风或东风，雹云一到就突然变成西北风或西风，并且降雹前的风速大于下雷阵雨前的风速，有的可达8级至9级，随后冰雹和雨一起降下来，冰雹会给农业、建筑、通讯、电力、交通以及人民生命财产带来巨大损失。

　　据有关资料统计，我国每年因冰雹所造成的经济损失达数亿元，甚至数十亿元。气象部门根据一次降雹过程中冰雹的直径、降雹累计时间和积雹的厚度，将冰雹分为三级：

　　一是轻雹：多数冰雹直径不超过0.5厘米，累计降雹时间不超过10分钟，地面积雹厚度不超过2厘米。

　　二是中雹：多数冰雹直径0.5厘米至2.0厘米，累计降雹时间10分钟至30分钟，地面积雹厚度2厘米至5厘米。

　　三是重雹：多数冰雹直径都在2.0厘米以上，累计降雹时间30分钟以上，地面积雹厚度5厘米以上。　不言而喻，重雹对人类造成灾害性最大。

在我国，春末至夏季是冰雹出现的季节。夏天，阳光强烈，地面温度高达几十摄氏度，大量的水汽急剧上升，但高空中气温却很低，云层里的小水滴冻成冰晶，小冰晶变成大冰晶，大冰晶在云层里上下翻滚，裹上了层层冰的外衣，为冰雹的形成提供了必要的条件。

我国除广东、湖南、湖北、福建、江西等省冰雹较少外，各地每年都会受到不同程度的雹灾。尤其是北方山区及丘陵地区，地形复杂，天气多变，冰雹多，受害重。强烈的冰雹能摧毁庄稼、损坏房屋，人被砸伤、牲畜被砸死的情况也常常发生。

那么，什么样的云才会下雹子呢？除了借助科学仪器观测外，有经验的农民也积累了丰富的观云方法。如："云顶长头发，定有雹子下""天有骆驼云，雹子要临门""黑云黄梢子，必定下雹子""午后黑云滚成团，恶风暴雨一齐来""白云黑云对着跑，这场雹子小不了"，这些谚语都生动地从云的形态方面描述了冰雹来临的前兆。

延 伸 阅 读

在我国天山东段和阿尔泰山上，有时飘落下来的雪花是带着黄颜色的。欧洲阿尔卑斯山上，也下过黄雪。

黑色闪电的形成奥秘

什么是黑色闪电

在大气中，由于阳光、宇宙射线和电场的作用，会形成一种化学性能十分活泼的微粒。这种微粒凝成一个又一个核，在电磁场的作用下聚集在一起，像滚雪球一样越滚越大，从而形成大小不等的球。这种物理化学构成物有"冷球"与"亮球"。

所谓冷球，没有光亮，也不放射能量，可以存在较长时间。冷球形状像橄榄球，发暗，不透明，白天才能看到。科学家称其为黑色闪电。

所谓亮球，呈白色或柠檬色，是一种化学发光构造。它出现时，并不伴随某种雷电，能在空中自由移动，并可以在地面停留，或者沿着奇异的轨迹快速移动，一会儿变暗，一会儿变亮。

黑色闪电的本质

黑色闪电的形成原因科学家无法解释。长期以来，人们的心目中只有蓝、白色闪电，这是空中大气放电的自然现象，一般均伴有耀眼的光芒。而从未看见过不发光的黑色闪电。

1974年6月23日，前苏联天文学家契尔诺夫就曾在札巴洛日城

看到一次黑色闪电：一开始是强烈的球状闪电，紧接着，后面就飞过一团黑色的东西，这东西看上去像雾状的凝结物。

黑色闪电是由分子气溶胶聚集物产生出来的，而这些聚集物则产生于太阳、宇宙光、云电场、条状闪电以及其他物理化学因素在大气中的长期作用。这些聚集物是发热的带电物质，容易爆炸或转变为球状闪电。

黑色闪电一般不易出现在近地层，但倘若出现，则容易落在树木、桅杆、房屋及金属附近，一般呈瘤状或泥团状，看上去像一团脏东西。

由于黑色闪电的外形、颜色和位置容易被人忽视，而它本身却载有大量的能量，因而它是闪电族中最危险和危害性最大的一种。

黑色闪电体积较小，雷达难以捕捉，而它对金属又比较青睐，因而被飞行员叫做"空中暗雷"，飞机飞行过程中，倘触及黑色闪电，后果不堪设想。当黑色闪电距地面较近时，又容易被人误认为是一只鸟或是其他什么东西，倘若触及，则会立刻发生爆炸。

摩亨佐达罗古城的毁灭之谜

1922年，印度考古学家拉·杰·班纳吉从印度河下游的一群土丘中发现摩亨佐达罗古城的遗址。经过发掘后发现，古城是由于一次大火和特大爆炸而毁灭的。巨大的爆炸力将半径约1000米以内的建筑物全部摧毁了。

从发掘出来的人的骨骼的姿势可以看出，在灾难到来前，许多人还安闲地走在街道上。

是什么原因导致了大火和大爆炸呢？科学家经过多年研究后

得出结论，这是由黑色闪电所引起的。

科学家认为，形成黑色闪电的大气条件同时也能产生大量的有毒物质毒化空气。显然，古城的居民先是被这种有毒空气折磨了一阵，接着发生了猛烈的爆炸。

同时，大量的黑色闪电也存在着。只要其中有一个发生爆炸，便会产生连锁反应，其他的黑色闪电也紧跟着发生爆炸，爆炸产生的冲击波到达地面时，把城市毁灭了。

此外，和球状闪电一样，一般的避雷设施对黑色闪电不起作用，灵活多变的黑色闪电常常很顺利地落到防雷措施很严密的储油罐、储气罐、变压器、炸药库附近。这个时候，千万不能接近

它，更不可碰它，因为黑色闪电被人接近时，容易变成球状闪电，而球状闪电爆炸的可能性更大。

延 伸 阅 读

　　前苏联军队上校包格旦诺夫在莫斯科市的大白天里也目睹到一个平稳的、冒着气的黑色闪电，直径大约0.25米至0.3米，像是雾状的凝结物。它的身后呈淡红色的阴影，周围呈现深棕色的光轮，不久就爆炸了。

冬天为何会打雷

雷电为什么会与雪花相伴

大自然常常以她自身的独特给人们带来惊叹，雷打雪天气就是大自然给我们展示的一种奇特罕见的天气现象。通俗地说，雷打雪指的是在降雪的同时伴有打雷现象。

雷打雪现象说奇也不奇。大家知道，雷电是大气中的放电现象，是云中性质不同的电荷之间电位差增大到一定程度，空气被电流击穿而发生快速胀缩造成的剧烈振动过程，而导致这种现象的

直接原因，是局部大气被强烈抬升，引发的所谓强烈对流天气。

2008年2月28日云南省昆明就发生了30年一遇的雷打雪天气，当日昆明先后发生了小雨、冰粒、阵雨、冰雹雷暴、霰、雪几种天气现象，并且气温升降异常迅速。

据专家分析，当天空阴云密布，高空云中的气温在0℃以下时，云中的水汽就凝结成雪。雪花从云中落下来，但落到地面上是雪还是雨呢？

这就要看近地面层几百米以内的温度了。如果近地面层的气温比较高，雪花降落时，就会在近地面层低空中重新融化，成为雨滴，这时我们看到的就是落雨。相反，如果近地面层的气温比较低，雪花不能融化，这时就下雪了。一般来说，地面气温在3℃或2℃以下时，就会出现下雪的现象。

1970年3月12日晚上，我国

长江中下游就出现了下雪天打雷现象。当时近地面层的冷空气从华北南下至长江中下游地区，傍晚以后，该地区的气温下降至0℃左右，具备了下雪的条件。当时南下的冷空气与北上的强盛的暖湿气流在这一地区汇合，暖空气沿着低层冷空气猛烈爬升，于是在将要下雪的层状云中发生了强烈的对流现象，形成了积雨云，所以就会产生一面下雪，一面打雷的天气现象。

专家同时认为，出现雷电伴大雪的罕见现象主要是冷空气和偏南暖湿气流在交汇和碰撞中产生了巨大能量，便有了打雷闪电，而高空和低层大气的温差也为冬季出现雷电创造了强大动力。

这种天气变化在气象史上是非常少见的，目前在气象学上也没有给它任何定义。

一般来讲，我国每年的九、十月份就很少会出现打雷了。在1979年11月3日北京曾出现过打雷情况，但是当时没有记录是否有雨雪。

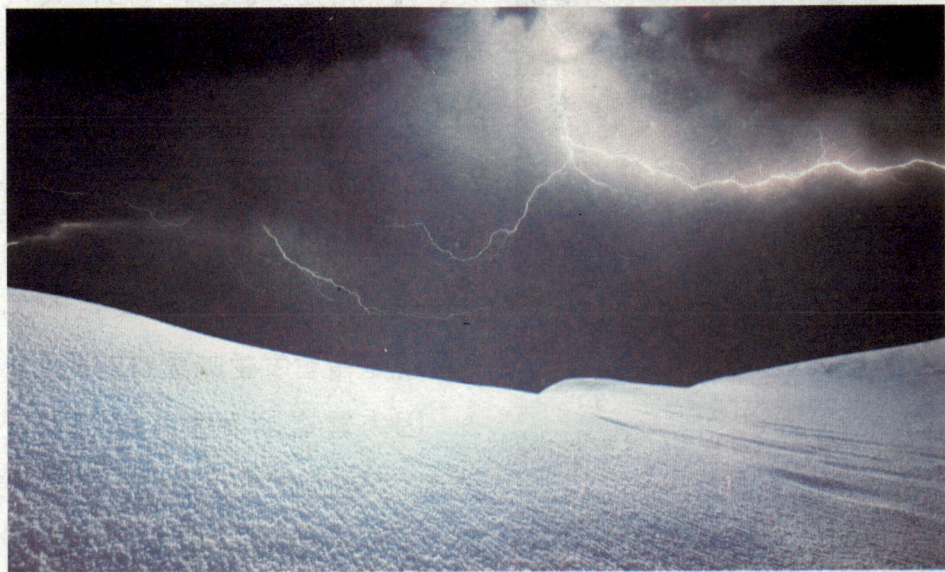

破解雷雪之谜

2009年3月1日，美国东部地区的较大范围被晚冬的暴风雨雪侵袭。暴风雪猛烈，雷声震耳欲聋，当地居民被严寒和巨响的雷鸣所困扰。

真奇怪，不是只有夏天才会雷鸣吗？

美国密斯林大学哥伦比亚学院的气象学家帕特利库·马凯特阐述了雷雪现象的发生原理：

雷雪和夏天的雷雨发生的原理是一样的。太阳照射地面，温暖、湿润的空气上升的话，大气环境就会变得不安定。随着空气的上升，水蒸气的凝结就会产生云气。云气由于内部气流的混乱而发生剧烈的碰撞。

在冬天产生这种不安定的大气环境是雷雪发生的重要前提。

因为雷雪的发生，地表附近的大气层比上空大气层温度要高，并且只有温度足够低才能降雪。这是非常细微的条件。如美国南部发生的雷雪天气，首先是因为大气变得不稳定，才会发生雷云现象。随着它渐向北移，大气的温度降到0℃以下，即形成雷与雪共存的现象。

专家指出，美国的晚冬到早春时节经常发生电闪雷鸣夹杂暴风雪的现象。

下雪的天气伴随着雷声，这是一种罕见的天气现象。这种奇异的天气现象也曾出现在美国的佐治亚州和南卡罗来纳州的上空。

在这个时期，冷空气气团遇到地表附近的温暖、湿润的空气就形成了"雷雪"天气的条件。

气象专家评说"冬打雷"现象

雷电的形成要具备一定的条件，即空气中要有充足的水汽，要有使暖湿空气上升的动力，空气要能产生剧烈的上下对流运动。

春夏为什么多雷电呢？这是因为暖湿气流活跃，空气潮湿，同时太阳辐射强烈，近地面空气不断受热而上升，形成强烈的上下对流，这样就易出现雷电现象。

而在冬季，受大陆冷气团控制，空气寒冷而干燥，加之太阳辐射弱，空气不易形成剧烈对流，很少出现雷电现象。

但是，当出现强盛的暖湿空气北上，遇上冷空气被迫抬升后，也会产生强烈对流，到一定强度就会出现雷电现象，在暖湿气流特别强、对流特别旺盛的情况下，还可降冰雹。

雷暴的产生不是取决于温度本身，而是取决于温度的上下分布。夏天地面温度高，对流比较强烈，容易产生雷暴；冬天的降水不是强对流降水，比较稳定，但如果上面的温度和下面的温度差达到一定值时，也能形成强对流，产生雷暴。因为下层空气相对暖和湿，就会产生浮力，破坏大气的稳定性。

冬春季的雷暴同其他季节一样，也是冷暖空气斗争激化的结果。高空的冷气团和低空的暖气团相会而形成在雪天打雷的现象，这是一种特殊的强对流天气。

　　雷打雪天气是天气系统激烈相互作用的结果，造成雷打雪天气的天气系统尺度较小并且移动迅速，常会成为预报系统的"漏网之鱼"，给预报带来一定难度。

　　今后随着雷达、卫星、数值天气预报等技术的改进和发展，对此类天气现象的准确预测将指日可待。

延　伸　阅　读

　　民间有谚语说"冬天打雷雷打雪"，也就是说冬季打雷说明空气湿度大，容易形成雨雪；而"雷打冬，10个牛栏9个空"，意思是说，冬天打雷，暖湿空气很活跃，冷空气也很强盛，天气阴冷，连牛都可能被冻死。

奇特的自然现象

厄尔尼诺现象

一种异常气候现象，主要指太平洋东部和中部的热带海洋的海水温度异常地持续变暖，使整个世界气候模式发生变化，造成一些地区干旱而另一些地区又雨量过多。一般平均每四年发生一次。

日晕

位于5000米的高空卷层云中的冰晶经过太阳照射后发生被折射和反射等物理变化，阳光被分解成了红、黄、绿、紫等多种颜色，这样太阳周围就出现一个巨大的彩色光环，称为日晕，多出现在春夏季节。

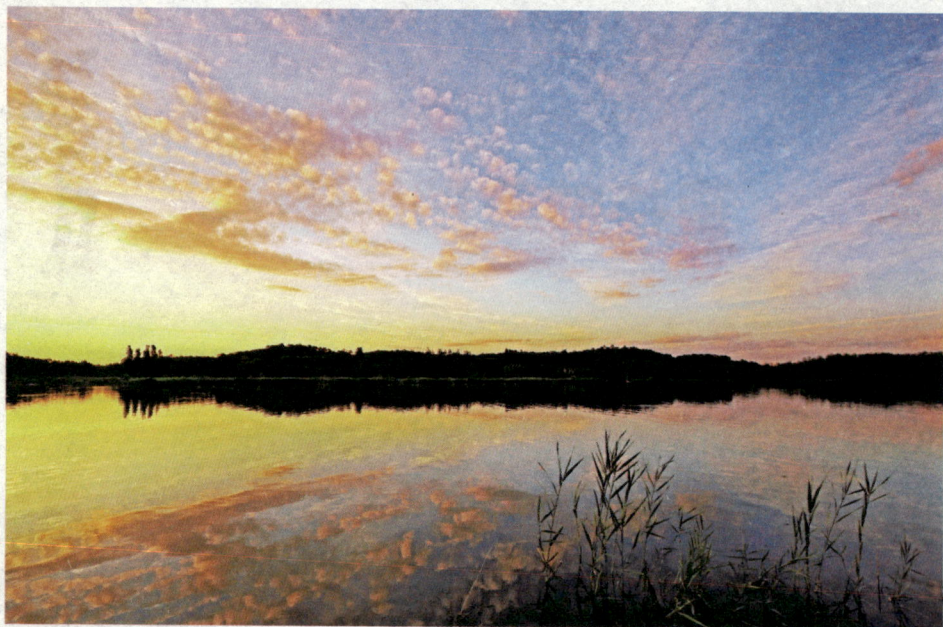

民间有"日晕三更雨，月晕午时风"的谚语，这句话的意思就是若出现日晕的话，夜半三更将有雨；若出现月晕，则次日中午会刮风。

晚霞

晚霞的形成是由于空气对光线的散射作用。当太阳光射入大气层后，遇到大气分子和悬浮在大气中的微粒，就会发生散射。太阳光谱中的波长较短的紫、蓝、青等颜色的光最容易散射出来，而波长较长的红、橙、黄等颜色的光透射能力很强。因此，我们看到晴朗的天空总是呈蔚蓝色，而地平线上空的光线只剩波长较长的黄、橙、红光了。

这些光线经过空气分子和水汽等杂质的散射，那片天空就带上了绚丽的色彩。

晚霞的美丽令人神往，往往成为人们对美好生活的寄托，给人带来希望，因而经常出现在文学作品中。

火烧云

日出或日落时出现的赤色云霞，属于低云类，是大气变化的现象之一。它常出现在夏季，特别是在雷雨之后的日落前后，在天空的西部。由于地面蒸发旺盛，大气中上升气流的作用较大，使火烧云的形状千变万化。

火烧云的色彩一般是红通通的。它的出现，预示着天气暖热、雨量丰沛及生物生长繁茂的时期即将到来。火烧云可以预测天气，民间流传有"早霞不出门，晚霞行千里"的谚语，就是说，火烧云如果出现在早晨，天气可能会变坏；但如果是出现在傍晚，那么第二天准是个好天气。

流星雨

外空间的尘埃颗粒闯入地球大气层，与大气摩擦，产生大量的热，从而使尘埃颗粒气化，在该过程中发光形成流星，尘埃颗粒叫做流星体。一个流星的颜色是流星体的化学成分及反应温度的体现：钠原子发出的光是橘黄色的、铁则是黄色、镁是蓝绿色、钙是紫色、硅是红色。成群的流星就形成了流星雨。流星雨看起来像是流星从夜空中的一点迸发并坠落下来，这一点或这一小块天区叫做流星雨的辐射点。通常以流星雨辐射点所在天区的星座给流星雨命名，以区别来自不同方向的流星雨。

超级闪电

超级闪电是在云层顶端发生的高空正电荷放电发光现象，指的是那些威力比普通闪电大100多倍的稀有闪电。普通闪电产生

的电力约为10亿瓦特，而超级闪电产生的电力则至少有1000亿瓦特，甚至可能达到万亿至10万亿瓦特。

至2003年为止，科学家所发现的高空短暂发光现象有红色精灵、蓝色喷流、淘气精灵，以及在2002年夏天由一个院校物理系红色精灵研究团队所发现的巨大喷流等，它们都是伴随着雷雨云而产生的高空发光现象。

海龙卷

一种发生于海面上的龙卷风，俗称"龙吸水"。它上端与雷雨云相接，下端直接延伸到水面，一边旋转，一边移动。

海龙卷的直径一般比陆龙卷略小，其强度较大，维持时间较长，在海上往往是集群出现。它的破坏力特别巨大，如果船只和飞机遇到海龙卷，很快就会被卷得无影无踪。在大洋上易发生台风或飓风的海区，也容易发生海龙卷，只不过海龙卷毕竟是短暂的和局部的，而且不可能经常发生。

在海龙卷群中最成熟的要数母龙卷气旋，依次是龙卷气旋族、龙卷气旋、龙卷涡旋、龙卷漏斗、吸管涡旋，它们构成了一个完整的家族。

雪茄状彩虹

雪茄状彩虹不像常见的彩虹那样呈桥状，而是直线形状，一头伸入云端，一头垂进山间，是极为罕见的自然景观，因酷似雪茄而得名。2006年10月20日下午18时54分左右，我国云南昆明市雨后数分钟，在市东北角上空出现过这样的一道色彩艳丽、炫目的彩虹。

雪茄状彩虹也是一种正常的自然现象，原理和无色光线照射到棱镜后会分解出七彩光是一样的。

雷暴群

产生雷暴的积雨云叫做雷暴云，一个雷暴云叫做一个雷暴单体，其水平尺度在10千米以上。多个雷暴单体成群成带地聚集在一起叫做雷暴群或雷暴带，它们的水平尺度有时可达数百千米。

每个雷暴单体的生命史可分为发展、成熟和消散三个阶段。每个阶段持续10多分钟至半小时左右，在不同阶段中，雷暴云的结构有不同的特征。发展阶段即积云阶段，其主要特征是上升气流贯穿于整个云体；成熟阶段的特征是开始产生降水，并且由于降水的拖曳作用而产生了下沉气流；消散阶段的特征是下沉气流占据了主要部分。

硝凇

由于受暖冬气候的影响，湖水遇风遇冷后，水中的硫酸钠结晶而出，凝聚在草木的枝叶上形成冰晶，就出现了美丽的"硝凇"奇观。由于硝凇必须在一定的气温条件下才能形成，所以此

现象非常少见，大面积成片的更是罕见。

位于我国山西省运城市区以南2000米的运城盐湖是世界上第三大硫酸钠型的内陆湖泊，占地面积132平方千米，夏产盐，冬产硝，是我国最大的无机盐生产基地。2007年1月31日，运城市盐池约200亩硝池的硝埂上结满了晶莹剔透的"硝凇"。

夜天光

太阳落入地平线下18度以后的没有月亮的晴夜，在远离城市灯光的地方，夜空所呈现的暗弱弥漫光辉，叫夜天光，又称夜天辐射。在测光工作中，则称为天空背景，或叫夜天背景。夜天光的光谱由连续光谱和发射线组成。连续光谱是由分子和尘埃粒子等散射星光产生的，它的峰值在波长为10微米处。

发射线则是高层大气中的原子和分子的辐射产生的，其中氧原子发射的绿线和红线最明显，中性钠的D线也很强。在红外波

段，有很强的羟基分子
发射带和氮分子、氧分
子的发射带。夜天光限
制了观测的极限星等。

云隙光

一种常见于日落或日
出时分的大气现象。太
阳于低角度时，阳光穿
过云层隙缝，形成云隙光，从云雾边缘射出的阳光，照亮空气中
的灰尘而使光芒清晰可见。对地面的观测者而言，只要有云或雾
遮挡住太阳，就有可能看到此现象，但最重要的还是水汽与灰尘
的条件。

因此云隙光在多云的天气比较常见；晴朗的日子里，则常发
生于日落时分。比较好的观测地点是海滨或湿气重的山谷地区。

云隙光偶尔会伴随着反云隙光一起发生。

反云隙光

日落或日落时分，常会出现云隙光。若两道云隙光的夹角较小，对地面观测者来说，就好像是两条光芒从日落的西天射出，辐射于天顶对面的东边，此现象即为反云隙光。

尽管这景象有些神奇，其实只不过是平常的夕阳和一些位置特别合适的云朵所造成的。在地球上相对太阳180度的那一边所看到的光，就是反云隙光。

日承现象

日承又称日载或环地平弧现象，是由于高层大气中冰晶折射产生的，日承号称为所有晕像中最美丽的。必须在太阳距离地平线至少58度时才会出现，但在中纬度地区，太阳仅在6月和7月初才能到达此高度，并且仅限于日中前后数小时内。

环地平弧现象又被人们称为"火彩虹"。之所以叫这个名字，是因为它看起来就像彩虹在天空自发地燃烧，划过天空。火彩虹不像普通的彩虹那么容易见到，这主要因为那种条件实在太难满足了，首先太阳要与地平线成58度角，同时要在约6100米的高度上存在卷云。日承现象的形成原理与环天顶弧相似。

静电

一种处于静止状态的电荷。在日常生活中，人们常常会碰到这种现象：晚上脱衣服睡觉时，黑暗中常听到"噼啪"的声响，而且伴有蓝光；见面握手时，手指刚一接触到对方，会突然感到指尖针刺般疼痛，令人大惊失色；早上起来梳头时，头发会经常"飘"起来，越理越乱；拉门把手、开水龙头时都会触电，时常发出"啪、啪"的声响。这就是发生在人体的静电。

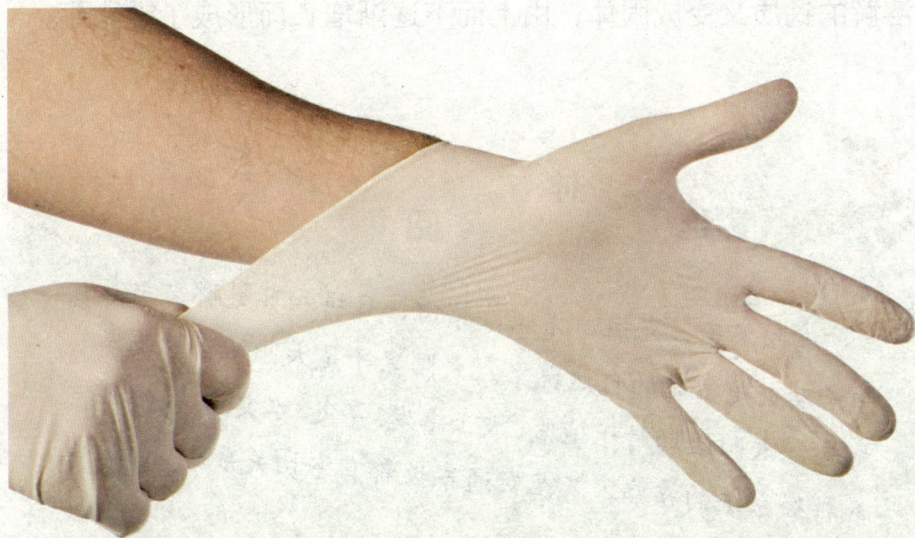

钟乳石

碳酸盐岩地区洞穴内在漫长地质历史中和特定地质条件下形成的石钟乳、石笋、石柱等不同形态碳酸钙沉淀物的总称。

钟乳石的形成往往需要上万年或几十万年时间。溶解了碳酸钙的水，从洞顶上滴下来时，由于水分蒸发、二氧化碳逸出，使被溶解的钙质又变成固体，由上而下逐渐增长而形成了钟乳石。

延 伸 阅 读

太阳黑子、光斑、谱斑、耀斑、日珥和日冕瞬变等太阳活动也是常见的自然现象。太阳黑子是太阳活动的基本标志。太阳活动对于地震、火山爆发、旱灾、水灾、人类心脏和神经系统的疾病，甚至交通事故都有密切关系。

日晕出现预示将要下雨

日晕是什么

在我们通常把太阳或月亮周围出现的光圈叫"晕"。太阳周围出现的光圈叫"日晕"，月亮周围出现的光圈叫"月晕"。晕是一种比较奇特的气象现象。晕圈的颜色一般是内红外紫的。

日晕是比较罕见的天象，日晕有全晕圈和缺口晕。天空中有

由冰晶组成的卷层云时，往往在太阳周围出现一个或两个以上以太阳为中心、内红外紫的彩色光环，有时还会出现很多彩色或白色的光点和光弧，这些光环、光点和光弧统称为晕。

日晕也称为"日枷"。当光线射入卷层云的冰晶后，经过两次折射，分散成不同方向的各种颜色的光。有卷层云时，天空飘浮着无数冰晶，在太阳周围的同一圆圈上的冰晶，都能将同颜色的光折射到我们的眼睛里而形成内红外紫的晕环。

当光环半径的对应视角在22度至46度之间的角度时，人们用肉眼就能观察到日晕现象。

日晕出现是要下雨的征兆

日晕多出现在春夏季节，偶尔也出现在冬季。在我国民间有"日晕三更雨，月晕午时风"的谚语，意思是说，如果出现日晕这种天象，就预示着夜半三更将会降雨；如果出现月晕，就意味着第二天的中午会刮风。

　　日晕在一定程度上可以成为天气变化的一种前兆，出现日晕天气有可能天气要转阴或者下雨。但是，民间有人说这种现象可以预兆今年气候的旱涝，这种说法并无科学依据。

　　当天气要变化时，一般先在高空出现淡淡的云，这种云有点像鸟类的羽毛，叫做卷云。不久，卷云的下面又会出现含雨的卷层云。卷层云一般是在6000米以上的高空出现，那里的温度很低，小水滴变成了小冰晶。日光通过云层照到小冰晶上发生折射，使我们看到在太阳的周围出现圆圈。

　　日晕在某一地区出现，表示该地区正在冷空气控制下，天气尚好。可是在离该地几百千米的地方，正有一股暖湿气流和冷空气交锋，并向这里移动，它的前锋已经到达这里的高空。接着，

云层越来越厚，越来越低，风力逐渐加强。因此，该地区过不多久，就会下起雨来。

延 伸 阅 读

　　我们肉眼所见的日晕多是白色或者乳白色。其实它也和彩虹一样，是一个彩色的光圈。科学家们通过观察得出结论：日晕从内向外的颜色依次为红、橙、黄、绿、蓝、靛、紫七种颜色。

日晕和假日现象揭秘

各地惊现日晕奇观

2006年3月3日，黑龙江省大庆市市民惊奇地发现天上有3个甚至4个太阳。当时出现3日同辉，正好是在一条线上，中间是个圆的太阳，两边有点月牙形，边缘非常清晰。中间上面那个太阳不

是很明显，得仔细看，尤其通过镜头看的时候，第四个太阳才能被看出来。

2006年8月18日中午，拉萨布达拉宫上空出现日晕奇观。当时，布达拉宫上空的太阳周围有一道美丽的光环，内红外紫，颇为壮观，持续两个小时左右，市民们纷纷驻足观看。

2009年3月14日中午，深圳天空上出现了一轮全晕圈日晕。日晕是日光通过云层中的冰晶时，经折射而形成的光现象，围绕太阳环形，呈彩色。日晕是一种比较罕见的天文气象。

2009年5月17日上午10时左右至下午14时左右，河南省漯河地区上万名群众看到了一种十分罕见的日晕奇观。也就在几天前当地刚下过一场大雨，而雨后的当天天气则显得十分晴朗。

上午10时左右，天上正在形成一种壮观的太阳光环，在之后的近4个小时，这个环绕太阳周围的彩环不断变换各种色彩，而环的内圈则为淡紫色的，外圈则呈淡黄色的。

2011年2月9日上午10时，澳大利亚西澳州卡拉萨镇附近中冶西澳铁矿项目出现日晕奇观。据了解，在1月28日该地区曾经有4级飓风经过。

2011年5月22日，河北邢台出现日晕。上午9时邢台市宁晋县观测到日晕，随后观测者到达西南部60000米的临城县，持续观测

日晕直至下午16时还未消失。

什么是日晕

日晕是一种大气光学现象，是日光通过卷层云时，受到冰晶的折射或反射而形成的。当光线射入卷层云中的冰晶后，经过两次折射，分散成不同方向的各色光。

有卷层云时，天空中飘浮着无数冰晶，在太阳周围同一圈上的冰晶，都能将同一种颜色的光折射到我们的眼睛里形成内红外紫的晕环。天空中有冰晶组成的卷层云时，往往在太阳周围出现一个或两个以上以太阳为中心、内红外紫的彩色光环，有时还会出现很多彩色或白色的光点和光弧，这些光环、光点或光弧统称为晕。

日晕是日光通过云层中的冰晶时，经折射而形成的光现象，围绕太阳环形，呈彩色。日晕的出现，往往预示天气要有一定的变化。日晕是一种比较罕见的天象。

日晕有时也被称为"日枷"，有全晕圈和缺口晕。

"三日凌空"奇景挽救一座城市

1551年4月，德国有一座名叫马格德堡的城市，被罗马帝国皇帝查理五世派去的军队团团围困了一年多的时间。就在军民快要弹尽粮绝，人心浮动，危在旦夕的时候，忽然，淡白色的天空中同时出现了3个太阳和互相交织的3条彩虹，十分绚丽壮观。

这一奇怪现象使城内军民惊恐万分，惶惶不安，他们以为这次3日同辉的出现是天神的示意，是一种不祥之兆，预感大祸即将

临头，城池肯定将被攻破。

然而，出人意料的事情发生了，这个奇异的"三日凌空"现象，居然帮助他们的城市解了围。围城的敌军全部匆匆撤退了。

原来，久攻不下的围城军队也看到了这一奇异现象，同样十分惊恐，以为这是上帝的旨意，有意要保存这座城市的。于是，他们不敢再冒犯天威，悄悄地撤除对这座城市的包围，自动撤军离去。这一奇景就这样挽救了这座城市的市民们的性命。

不同区域发生的奇景

1948年春天，在乌克兰的波尔塔瓦城，天空中布满了淡淡的白云。上午11时前后，太阳左右两旁又各有一个太阳出现。同时出现的还有水平光环，并逐渐汇成一个长条。接着又出现一个新的彩色光环，围绕着太阳，同水平光环和两个太阳相交。

在我国的峨眉山和西安，分别在1932年和1933年也出现过"三日贯天"的现象，而在我国的泰山和黑龙江绥化市还分别见过两个太阳和5个太阳的奇景。

"假日"是怎样形成的

"三日凌空"现象较为常见，"二日凌空"和"五日凌空"却很少见到。气象学家告诉我们，这种"三日凌空"是太阳光在大气中玩的一种把戏。

原来，天空中出现一块半透明的薄云，里面有许多飘浮在空中的六角形柱状的冰晶体。它像一段六角形的绘图铅笔，整整齐

齐，竖直地排列在空中。

当太阳光射在这一根根六角形冰柱上，就会发生很有规律的折射。从冰柱出来的3条光线都射到人的眼睛中，中间那条太阳光线，是由中间位置的太阳直接射来的，是真正的太阳；旁边两条光线，是太阳光经过六角形晶柱折射而来的。

这样，在人们的感觉中，左右两旁的两个太阳，实际上是太阳的虚像，也称"假日"。平时飘浮在空中的六角形冰柱常常是不规则排列的，所以反映不出太阳的影像，而六角形冰柱有规律排列在天空中的情况极少出现，因此，这种"三日凌空"的大气光像就非常地罕见了。

是不常见的日晕现象

据气象部门工作人员介绍，这是一种不太常见的日晕现象，

因为很少见到，所以容易引起人们的误解。

日晕是一种光学现象，简单说，距离地面5000米以上的高空日光通过卷层云时，有大量的冰晶体存在，这种冰晶体像六棱镜一样。太阳光线从冰晶体的一个侧面射入，产生反射和折射，在一些特殊的条件下，就有可能形成太阳周围的光晕现象。

在人们的眼中，会看到太阳两侧多了两个小太阳，实际上是虚像。日晕的出现和冷暖空气活动有关，预示着天气要出现明显变化。俗话说"日晕三更雨，月晕午时风"，就是这个道理。

全国多地发生过类似现象

2005年4月9日上午8时50分左右，新疆乌鲁木齐市上空出现日晕奇观，悬挂在天空中的太阳周围露出七彩光环，颇为壮观。

令人吃惊的是，当时天空中竟有3个太阳同时存在，中间的太阳很大，阳光灿烂而且不刺眼，在太阳周围的天空中飘着薄薄的云朵，紧绕着太阳的光环很大，带着彩虹的颜色，以太阳为圆心的光环上，左右两边各有一个小太阳。

小太阳的轮廓虽然并不十分圆，但肉眼看上去和太阳的光辉相差无几。而小太阳周围的云层看上去要比别的云层厚一些。这种"三日同辉"现象大约持续了近30分钟，随着围绕太阳的光环的颜色逐渐变淡。

2006年3月3日一早，黑龙江省大庆市的天空中就曾出现过"四日同辉"的现象，大太阳周围的光环上，有3个像小太阳一

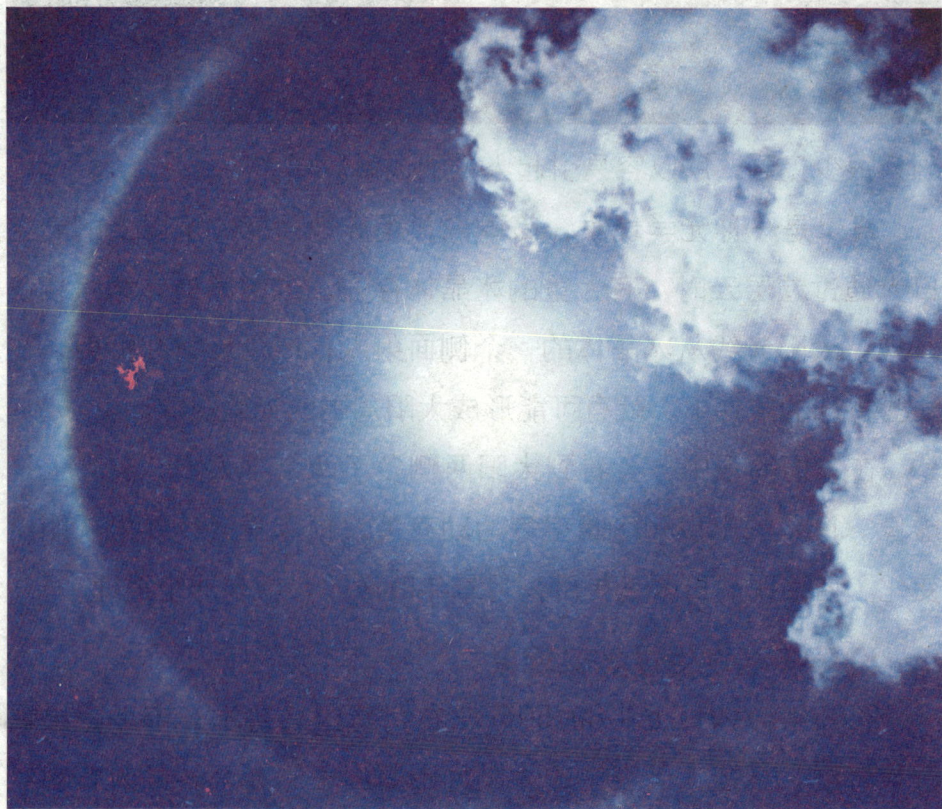

般的明亮的光点。这一现象当时在大庆市及周边地区引起诸多猜测，各种灾难将袭的言论也随之而起。但时间证明了一切，这只不过是一种天文现象。

2008年1月25日上午9时30分前后，北京上空出现"三日同辉"天象，薄云遮挡的天空不仅有日晕，在太阳左右两侧更是出现了如同云中太阳的亮斑。据气象专家解释，这两个太阳是薄云天气下的光折射产生的虚像，即所谓的"假日"。

2009年3月27日下午，山东省莱阳上空出现罕见的"三日同辉"天象，一大两小3个太阳处在同一水平线上，和一弯倒挂的彩虹同时出现在西方的天空，持续两个多小时，吸引市民纷纷拍照留念。据气象专家称，这是由于高空薄云折射太阳光线形成的一种较为罕见的天象奇观。

2010年7月20日，位于英国南部的伯恩茅斯海滩上空突然出现了这样美轮美奂的一幕：太阳被一个神秘光晕所环绕，好像一只巨大的"眼睛"从天堂凝视着人间。

这个奇妙的景观令当时海滩上所有的人驻足仰望,并被摄影爱好者罗伯特成功捕捉到。"那天天气不错,我和一些朋友去了沙滩,"罗伯特回忆说，"大约午后1点的时候,我抬头看天空,就在此时我看到了太阳周围的光晕。光晕并不多见,而且往往都是不完整的。

通常情况下，幻日出现时太阳会有一部分被卷云遮挡，而且幻日多发生于太阳角度较低的时候，正午时分不会有此天象。

延 伸 阅 读

2011年1月8日，吉林省榆树市天空中出现3个太阳。两个小太阳位于大太阳的两侧，非常明亮、耀眼，与平时所见的彩虹并不相似。吉林省农安县的市民也发现过太阳四周出现了4道不完整的彩色光圈，各有一个亮点，像太阳一样，甚是壮观。

水龙卷的厉害

深圳"双龙吸水"

2010年7月26日上午9时，深圳湾海面出现较为罕见的"龙吸水"，水天相接的"龙吸水"持续约17分钟。

当时在深圳湾上空积雨云下方伸出漏斗形状的黑色云柱，而现场照片中，先后有3个水龙卷形成，气象人员在8时57分监测到云底下方垂直方向有较粗大的漏斗云已经接地形成水龙卷，另有较细的一条在空中呈现弯曲接地并于两分钟后完全消失。

　　大约在9时，正西侧云底又向下垂直伸出黑色云柱，并在两分钟后迅速接地，吸起巨大水柱，持续了大约3分钟，稍后水面一端逐渐变细并向上收窄，最后于9时零8分完全消失。水龙卷接地旋转了10多分钟，现场甚为壮观。

澳洲海域惊现水龙卷

　　2011年5月30日，在澳大利亚悉尼海域惊现4个巨大的水龙卷，期间伴随出现壮观的雷暴。该现象出现在阿沃卡海滩，距离澳大利亚首都悉尼北部不远。据称，这一壮观的海上水龙卷引起了当地居民轰动，生活在该地区的居民过去50年里未曾看到过该景象。

　　当地居民特蕾西·布克斯塞尔说："我们听说一位60多岁的老人曾经在该海域目睹过水龙卷，但当时他仅有5岁。很明显澳洲海域很少出现水龙卷，目前出现的水龙卷令人惊异，并且非常壮观。"

西伯利亚罕见水龙卷

在寒冷的西伯利亚海域出现了水龙卷景象。风速极快的水龙卷激起了巨大的水柱，仿佛与天相连，场面相当壮观。

饱含水气快速旋转的气柱状水龙卷，其危险的程度并不亚于龙卷风，内部的风速可超过每小时200千米。

许多水龙卷形成在离雷雨系统很远的地方，甚至出现在相当晴朗的天气里。水龙卷可以是相当透明，刚形成时，只有经由它在水面形成的不寻常图案才会注意到它之存在。

水龙卷可造成的危害

当寒冷的气层掠过海面导致温暖潮湿的空气从气层底部卷起，并形成巨大壮观的凝结柱时，它们的移动速度可达到每小时129千米，内部风流旋转速度达到每小

时96千米至193千米。海上水龙卷可持续半小时，对海面船只和飞机构成严重威胁，同时，该现象也对珊瑚礁造成危害。海上水龙卷通常出现在佛罗里达群岛，而英国不列颠群岛平均每年就有约15起。

像龙卷风一样，海上水龙卷经常能够移动一些奇特物体。此前曾有加拿大水龙卷卷起蜥蜴穿越海面，最终落在蒙特利尔市；在美国普罗维登斯市，一场海上水龙卷甚至导致"鱼雨"，当地居民迅速捡起落在地面上的鱼进行出售。

产生水龙卷的条件

首先是空气必须是高温、高湿。我们知道温度高低反映其热能的大小，空气湿度大，一旦发生凝结现象，大量的潜热就释放出来，变成动能；第二要有旺盛的积雨云。积雨云是强对流的产

物，在强对流运动中易形成涡环；第三是上升气流和下沉气流间的切变要大，也就是说两者气流方向相反，各自的速度要大，才能形成强切变。

我国南海特别是西沙群岛，在夏秋季水龙卷经常出现。据不完全统计，全球每年发生的水龙卷近千次。

海上三角区是水龙卷引起的吗

在大洋上易发生台风或飓风的海区，也容易发生水龙卷，值得注意的是当出现厄尔尼诺现象时，水龙卷发生的次数就会增多。显而易见，厄尔尼诺现象的出现，反映着太平洋东部赤道海区附近及其以南海域的大规模增温现象。

1982年秋至1983年初夏的厄尔尼诺现象期间，由于海面温度升高许多，海上的对流大大加强，墨西哥湾的水龙卷群出现得特别频繁。1983年5月墨西哥湾出现的水龙卷群，在海上肆虐一番

后，夹带着狂风暴雨，直袭美国南部的得克萨斯州和路易斯安那州。水龙卷登陆后威力不减，摧毁民宅、厂房、汽车和树木，造成两州伤亡100多人，接着又袭击了邻近的几个州。持续4天多，狂风大作的同时，还下起滂沱大雨，引起洪水泛滥，其造成的灾害不亚于飓风。在海上的船只如遇上水龙卷，其后果是难以想象的。在大西洋百慕大三角发生的许多船只神秘失踪事件里，有些人认为水龙卷可能是其中部分事件的起因。

延伸阅读

1984年6月26日下午2时30分，香港西南方海面因旋风而出现了水龙卷。旋风卷起灰白色水柱，上连漏斗状浓云，云层都在旋转，下接海水，直达海面。10分钟后消失。香港近20年内，每年可能有一次或两次水龙卷出现。

强大的陆龙卷

陆龙卷的形成

龙卷风是风力极强而作用范围不大的旋风，根据它产生的区域不同，可分为陆龙卷和水龙卷。陆龙卷是产生在陆地的龙卷风，气象学上称之为陆龙卷。

陆龙卷因为产生在人类居住相对密集的陆地，所以给我们人

类造成了比水龙卷更大的危害。陆龙卷的成因，以目前的科技水平，科学家还不完全清楚。但是有一点可以肯定，就是它的形成肯定与雷雨云有关。

从墨西哥湾北上的温暖潮湿气团，遇上来自北方的较冷较重气团，一冷一热，碰到一起，就很容易形成陆龙卷。云也在这激烈碰撞的湍流区里形成，并顷刻间酿成风暴，有时加强成为一股猛烈上旋的温暖气流，这就是陆龙卷。

陆龙卷初起时因为水汽凝聚，呈现出白色，其后旋风逐渐吸进砂石尘土，颜色转深，最后变成黑色。

陆龙卷的破坏力

陆龙卷是环绕着一个部分真空中心旋转的风。它具有的巨大破坏力，是疾风和低气压联合造成的结果。

陆龙卷的低气压能使建筑物瞬间爆炸。旋风经过时，气压突然大降，使建筑物内的空气急剧膨胀，以致把建筑物的四壁爆裂。

陆龙卷可以造成许多奇异的景象，例如能把火车车厢从铁轨卷起，抛落附近地上；在另一次旋风中，一瓶泡菜据说被刮到了25千米外，然后安然落下丝毫无损。

能产生陆龙卷的地方很广，几乎任何地方都会产生陆龙卷，但最常见于美国中部的平原，尤其在春季和初夏。

水龙卷与陆龙卷很相似，却有所不同。陆龙卷与水龙卷是由底部向上生成的，严格说，陆龙卷与水龙卷都属于旋风。陆龙卷、水龙卷之类的旋风仅需足够的温差即可产生。

而水龙卷是在海面上出现的，它在海面可兴起一股水柱，高

达数米或数十米，这也是空中积雨云内低气压泡的作用。水龙卷一般较陆龙卷弱，水平范围也比陆龙卷小。

陆龙卷的形成比较复杂，其真正的成因，我们至今还不清楚，但至少当我们了解了它的特点和形成的规律，我们就有办法预报，最大限度地减少它的危害。

延 伸 阅 读

陆龙卷的风速平均每小时可达到200千米，有时高达每小时500千米。被这种狂风卷起的稻草，由于速度过快能戳穿木板和树干；曾有一次陆龙卷吹起一块木板，把一块很厚的铁板给撞破。

夜光云是如何形成的

神秘的夜光云

夜光云是一种罕见的云团，是迄今为止科学界了解最少的气象之一。它一般只在寒冷的高纬度地区露脸。但是，近年来，夜光云越来越多地出现在低纬度地区，并且越来越亮、越来越频繁。在太阳落山后30分钟至60分钟，面朝西方，如果你在天空中看见了白蓝相间的波纹状发光云彩，那么你很有可能看到了罕见的夜光云。

夜光云又被称为极地中气层云，当它们从外层空间被看见，就被称为"夜耀云"；从地球上看见，就称为"夜光云"。它是一种形成于中间层的云，距地面的高度一般在85千米左右，位置非常之高。这种罕见的云只有在50度至70度的高纬度地区夏季才能看见。

夜光云看起来有点像卷云，但比它薄得多，而且颜色为明亮的银白色或蓝色，出现在日落后太阳与地平线夹角在6度至16度之间的时候。这个夹角本身倒没什么疑问，因为时间太早会因为夜光云太薄弱而看不见，而时间太晚它又会沉到地球的阴影之中去。

人类观测到的月光云

1885年，人类第一次注意到这种特殊的能在黑夜里发光的云。而近年来，夜光云的目击者更是频繁。美国弗吉尼亚州汉普顿大学大气物理学家吉姆·拉塞尔表示，与以往相比，现在，夜光云出现得更为频繁，时间更长，纬度也更低……夜光云究竟是何物？

它是特殊的云，因为一般的云怎么也不会飞过对流层，越过平流层，而稳居在空气稀薄的中间层，它也不像是变幻莫测的极光，因为夜光云有云的纹理……这样的云肯定不一般。

夜光云的成因之谜

有人认为它们是火山喷发物或成群结队的大气尘埃，因为只有它们才有可能飞那么高。而美国海军研究实验室的科学家迈克尔·史蒂文斯则认为，夜光云可能跟航天飞机发动机喷出的火箭烟尘有关。

目前最主流的理论认为，夜光云是由极细的冰晶所构成。认为构成夜光云的冰晶直径一般为50纳米，阳光反射在这些微粒上，使其只有当天空其余部分暗下来的黎明或黄昏时分，才能被

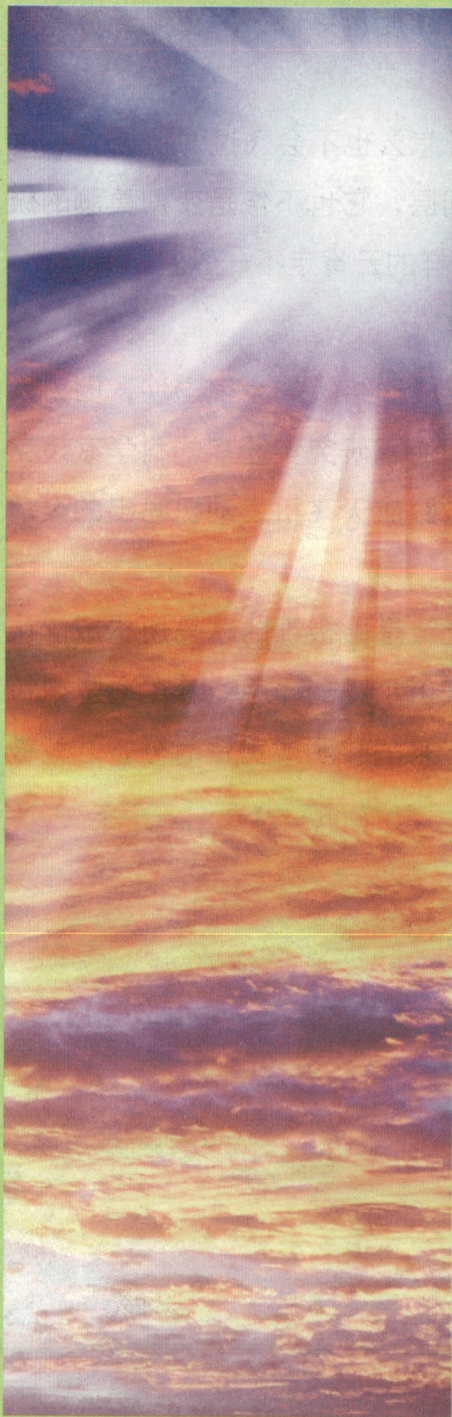

看见。这种效果就好像在太阳部分落下后看一架在高空中飞行的飞机反射阳光一样……

现在一般认为，要形成夜光云需要有三个条件：低温、水蒸气和尘埃，这样水蒸气才能凝结成极小的冰晶。近年来，夜光云已经蔓延到纬度40度附近也能看到，而且出现的次数越来越多，也越来越亮。这引起了科学家们的强烈关注，有人担心这是地球大气变化的前兆。

据观察，南北两个半球的夜光云之间存在着很大的不同。北半球上空的夜光云看上去比南半球上空的要明亮一点，出现的纬度也更低。在北半球，从5月15日至8月20日经常有夜光云，其中最频繁的是7月初。美国科罗拉多大学的科拉·兰德尔表示，越来越多的温室效应气体，比如二氧化碳，使低海拔地区的气候变暖，使高海拔地区的气温下降，进而为高空中夜光云形成创造了条件。另外，高含量的温室效应气体，实际上会导致在高空形成更多的水蒸气。兰德尔说，低温和更多水蒸气的存在，是导致多数夜光云更为频繁现身的原因。这说明地球大气在变化。

揭开夜光云神秘面纱

2007年4月25日，NASA发射了"中层大气高空冰探测"卫星，试图去探究潜伏在地球高纬度地区上空的神秘夜光云。

这是人类第一次专门研究夜光云的太空行动。"中层大气高空冰探测"卫星，最终进入了地球上空大约600千米处的一条极轨道上。卫星上装备了3套科学仪器，在接下来的两年时间里，专门对地球两极的神秘夜光云展开观测，以解释夜光云是如何形成的，为什么近年来出现的频率增加，什么原

因使其出现纬度在降低，以及它们的出现是否与气候变化有关等。

我们等待着"中层大气高空冰探测"卫星的最终探测结果，以揭开夜光云的秘密。

延 伸 阅 读

美国国家航空航天局原定于当地时间2009年9月15日晚19时30分至19时57分之间，从弗吉尼亚州的瓦勒普斯发射中心发射一枚火箭，尝试在地球大气层的最外层进行"人造夜光云实验"。但由于糟糕的天气，这次发射至今为止还没有确切消息何时会再次进行发射。

夜天光是怎么回事

什么叫夜天光

什么是夜天光？简单地说夜天光就是在没有月亮的夜晚，除了人为的光亮、极光以外肉眼所见的一切光。

从天文学上讲就是指太阳落到地平线以下18度后，在没有月

亮的晴朗之夜，在远离城市灯光的地方，夜空所呈现的暗弱的弥漫光辉，叫夜天光，又称夜天辐射。在测光工作中，这种光也被称为天空背景，或叫夜天背景。

那么，夜天光是怎么形成的呢？经过科学家们反复研究，终于揭开了它的神秘面纱。夜天光的光谱是由连续光谱和发射线组成的。而连续光谱是由大气中的分子和尘埃粒子等散射星光产生的，它的峰值在波长为10微米的地方。

夜天光的主要来源

夜天光的主要来源有以下几方面：

一是气辉。在高层大气中有时在发生光化学反应的过程中产

生辉光。

二是黄道光。因行星际尘埃对太阳光的散射而在黄道面上形成的银白色光锥，呈三角形，约与黄道面对称并朝太阳方向增强。总的讲来黄道光很微弱，除了在春季黄昏后或秋季黎明前在观测条件较理想情况下才勉强可见，一般情况不易见到。黄道光是存在行星际物质的证明。

三是弥漫银河光。是指银道面附近的星际物质反射或散射的宇宙星光。

四是恒星光。就是在河外星系和星系间介质间产生的光。

五是地球大气散射上述光源的光。每平方角秒夜天背景的亮度约相当于目视星等约21.6等，蓝星等约22.6等。

我国首个夜天光保护区建在浙江省安吉，是由中国科学院上海天文台与浙江省有关单位联合建立的，设有两个天文专业观测室和一个科普观测点。建保护区的目的是在经济发达的江浙地区，"留存一片有利于天文观测的夜空"。

江南天池景区只采用床头灯、写字台灯等局部照明，并挂上遮光窗帘，为天文观测保留足够的黑暗。

有关专家称，夜天光保护区的建成，使上海天文台获得了理想的科研观测基地。他们将有效开展活动星系核光变监测、空间碎片搜索、近地小行星搜索等科研工作。

延 伸 阅 读

在浙江省安吉天荒坪海拔900米处，有一个"江南天池"景区，即使在除夕之夜，这里也是一片黑暗。为了便于观测，工作人员晚上打手电筒，要在前面包上一层红布，就是为了消光。

黑夜里的彩虹

夜晚彩虹现象

在1984年9月11日，正是农历八月十五中秋节，这天晚上一轮满月高悬。晚上20时多，辽宁省新金县城关普兰镇正逢阵雨初霁，居民们在庭院里边吃月饼边赏中秋月。

这时，人们惊奇地发现，在西方半空中出现了一条光带，像是一座彩桥从南伸向北方。由于是在夜间出现，光带的色彩不太

分明，但是，仍然可以分辨出上层的淡红色和下层的淡绿色。大约经过五六分钟，随着云层的移动，光带才逐渐地消失。

1987年，一天夜里，在美国约克郡斯普郭城，一轮巨大的满月悬在中天。墨蓝色的天壁上，突然出现了一道彩虹。不少人为此惊慌失措，纷纷议论说是外星人发来的信号，预示他们即将乘坐飞碟光临地球。彩虹满天通常是白天雨后出现的现象，彩虹的明显程度，取决于空气中小水滴的大小，小水滴体积越大，形成的彩虹越鲜亮，小水滴体积越小，形成的彩虹就不明显。一般冬天的气温较低，在空中不容易存在小水滴，下雨的机会也少，所以冬天一般不会有彩虹出现。

但是在夜间，只要有明亮的月光，大气中又有适当的水滴，月光在大气中的雨滴上经过折射和反射，同样也可以形成彩虹，

这就是我们所说的月虹。因为月光也是月球反射的太阳光,所以月虹的色彩同样是由红、橙、黄、绿、蓝、靛和紫七种可见的单色光组成的。

夜晚彩虹名叫月虹

月虹是一种罕见的现象,只有在月光强烈的夜晚才有可能出现。由于人类的视觉在晚间低光线的情况下难以分辨颜色,因此,月虹看起来好像是全白色的,因此出现能分辨出色彩的月虹的现象并不多见。

无论是彩虹还是月虹,光的来源都是太阳。不同的是,引起彩虹的太阳光是由太阳直射而产生的,而月虹是由于太阳光先照射到了月亮表面上,再由月亮反射到地球而形成的。

月虹是在月光下出现的彩虹,又叫黑夜彩虹、黑虹。由于是

月照所产生的虹，所以只见于夜晚。并且由于月照亮度较小的关系，月虹也通常较为朦胧，而且通常出现在与月亮反方向的天空。在夜间，如果有明亮的月光，大气中又有适当的云雨滴，便可形成月虹。由于月虹的出现需各种天气因素的配合，所以是非常罕见的自然现象。

延伸阅读

　　美国的肯塔基州的坎博兰瀑布和非洲赞比亚与津巴布韦之间的维多利亚瀑布，是全世界最有名的两处月虹景点。此外，人们在美国的优胜美地国家公园的瀑布区也能经常观测到月虹。

雾霾的成因和应对

雾霾天气的定义

雾霾又称大气棕色云，在中国气象局的《地面气象观测规范》中，雾霾天气被这样定义："大量极细微的干尘粒等均匀地浮游在空中，使水平能见度小于10千米的空气普遍有混浊现象，使远处光亮物微带黄、红色，使黑暗物微带蓝色。"

目前，在我国存在着四个雾霾严重地区：黄淮海地区、长江河谷、四川盆地和珠江三角洲。

雾和雾霾的区别

雾是气溶胶系统，是由大量悬浮在近地面空气中的微小水滴或冰晶组成的、能见度降低至1千米以内的自然现象。

一般来讲，雾和霾的区别主要在于水分含量的大小：水分含量达到90%以上的叫雾，水分含量低于80%的叫霾。80%～90%之间的，是雾和霾的混合物，但主要成分是霾。

就能见度来区分：如果目标物的水平能见度降低到1千米以内，就是雾；水平能见度在1千米～10千米的，称为轻雾或霭；水平能见度小于10千米，且是灰尘颗粒造成的，就是霾或雾霾。

另外，雾和霾还有一些肉眼看得见的"不一样"：雾的厚度只有几十米至200米，霾则有1千米～3千米；雾的颜色是乳白色、青白色，霾则是黄色、橙灰色；雾的边界很清晰，过了"雾区"可能就是晴空万里，而霾则与周围环境边界不明显。

雾霾的成因

雾霾作为一种自然现象，其形成有三方面因素。

1.水平方向静风现象增多。近年来随着城市建设的迅速发展，大楼越建越高，增大了地面摩擦系数，使风流经城区时明显减弱。静风现象增多，不利于大气污染物向城区外围扩展稀释，并容易在城区内积累高浓度污染。

2.垂直方向的逆温现象。逆温层好比一个锅盖覆盖在城市上空，使城市上空出现了高空比低空气温更高的逆温现象。污染物在正常气候条件下，从气温高的低空向气温低的高空扩散，逐渐循环排放到大气中。但是逆温现象下，低空的气温反而更低，导致污染物的停留，不能及时排放出去。

3.悬浮颗粒物的增加。近些年来随着工业的发展，机动车辆的增多，污染物排放和城市悬浮物大量增加，直接导致了能见度降低，使整个城市看起来灰蒙蒙一片。

雾霾的危害

1.影响身体健康。雾霾的组成成分非常复杂，包括数百种大气颗粒物。其中有害人类健康的主要是直径小于10微米的气溶胶粒子，如矿物颗粒物、海盐、硫酸盐、硝酸盐、有机气溶胶粒子等，它能直接进入并黏附在人体上呼吸道、下呼吸道和肺叶中。

由于雾霾中的大气气溶胶大部分均可被人体呼吸道吸入，尤其是亚微米粒子会分别沉积于上呼吸道、下呼吸道和肺泡中，引起鼻炎、支气管炎等病症，长期处于这种环境还会诱发肺癌。

此外，由于太阳中的紫外线是人体合成维生素D的唯一途径，紫外线辐射的减弱直接导致小儿佝偻病高发。另外，紫外线是自然界杀灭大气微生物（如细菌、病毒等）的主要武器，雾霾天气导致近地层紫外线的减弱，易使空气中的传染性病菌的活性增

强，传染病增多。

2.影响心理健康。雾霾天气容易让人产生悲观情绪，如不及时调节，很容易失控。

3.影响交通安全。出现雾霾天气时，室外能见度低，污染持续，交通阻塞，事故频发。

4.影响区域气候。使区域极端气候事件频繁，气象灾害连连。更令人担忧的是，雾霾还加快了城市遭受光化学烟雾污染的提前到来。

光化学烟雾是一种淡蓝色的烟雾，汽车尾气和工厂废气里含大量氮氧化物和碳氢化合物，这些气体在阳光和紫外线作用下，会发生光化学反应，产生光化学烟雾。它的主要成分是一系列氧化剂，如臭氧、醛类、酮等，毒性很大，对人体有强烈的刺激作用，严重时会使人出现呼吸困难、视力衰退、手足抽搐等现象。

如何应对雾霾

首先，应建立雾霾指数预报和雾霾天气的预警机制。在城市设立地基光学观测点，与卫星遥感资料相匹配，开展气溶胶光学厚度的监测。同时，在城市周边地区布设水平能见度观测站和垂直能见度观测站，开展水平能见度和垂直能见度的观测并直接进行雾霾天气公众服务；开展大气边界层探测，定时掌握逆温等边界层特征与雾霾天气的关系，认识工业化、城市化对大气边界层结构的影响，提高雾霾天气预测的准确性，提高监测、预防雾霾天气的能力。

加强对太阳辐射的监测，评估大气雾霾对农业生产和气候变化的影响等。建立雾霾天气预测预报系统与建立动态控制排污系统、控制污染源排放的决策系统结合起来，才能有效地对付雾霾。从现在掌握的情况来看，城市化和工业化是雾霾产生的主要

因素，而雾霾天气出现的一个气象特征是其区域有一个气流停滞区。国外有些发达国家利用不同气象条件对社会生产进行动态调控的方法来尽量解决雾霾的危害，其实质是对污染源进行总量调节。在美国，一旦监测到某区域有气流停滞时，该地区的工业气体排放都将受到控制，而当大气条件好、空气扩散能力强时，则可充分排放。

其次，应采取严厉措施限制机动车尾气排放和工业气体排放，以消除或减轻雾霾对城市的危害。同时城市群之间应统筹考虑雾霾的防治工作。作为地区性的气候灾害现象，治理时也要地区联手，才能达到最佳的治理效果。

最后，在城市规划中，要注意研究城区上升气流到郊区下沉的距离，将污染严重的工业企业布局在下沉距离之外，避免这些工厂排出的污染物从近地面流向城区；还应将卫星城建在城市热

岛环流之外，以避免相互污染。

　　要充分考虑大气的扩散条件，预留空气通道。增加城市绿地，让城市绿地发挥吸烟除尘、过滤空气及美化环境等环境效益，从而净化城市大气，改善城市大气质量。

延 伸 阅 读

　　国家标准对于造成雾霾的主要四种大气成分，即直径小于2.5微米的气溶胶质量浓度、直径小于1微米的气溶胶质量浓度、气溶胶散射系数和气溶胶吸收系数都有规定，只要其中有一种充分指标超过限值，就是雾霾。